BEI GRIN MACHT SICH IHR WISSEN BEZAHLT

- Wir veröffentlichen Ihre Hausarbeit, Bachelor- und Masterarbeit

- Ihr eigenes eBook und Buch - weltweit in allen wichtigen Shops

- Verdienen Sie an jedem Verkauf

Jetzt bei www.GRIN.com hochladen und kostenlos publizieren

Daniel Beckmann

Kosten im Hochbau – Kostengruppe 400

Bibliografische Information der Deutschen Nationalbibliothek:

Die Deutsche Bibliothek verzeichnet diese Publikation in der Deutschen National-
bibliografie; detaillierte bibliografische Daten sind im Internet über http://dnb.d-
nb.de/ abrufbar.

Impressum:

Copyright © 2008 GRIN Verlag GmbH
Druck und Bindung: Books on Demand GmbH, Norderstedt Germany
ISBN: 978-3-640-83308-5

Hausübung

im Modul

Baubetriebslehre BBL-1 WS 2008/2009

DIN 276 Kosten im Hochbau – Kostengruppe 400

von

Daniel Beckmann

10701

Hochschule 21 gemeinnützige GmbH

Staatlich anerkannte private Fachhochschule

Studienbereich:	Bauingenieurwesen
Studienmodul:	Baubetriebslehre
Studiensemester:	3.Semester (WS08/09)

Inhaltsverzeichnis:

1. Vorwort

Die Berechnung von Kosten im Bauwesen wird in der DIN 276 „Kosten im Bauwesen" geregelt. Diese Norm gilt für die Ermittlung und die Gliederung von Kosten im Hochbau. Sie erfasst die Kosten für Maßnahmen zur Herstellung, zum Umbau und zur Modernisierung der Bauwerke sowie die damit zusammenhängenden Aufwendungen (Investitionskosten).[1]

In der DIN 276 werden nicht nur die Kosten von Hochbauten, sondern darüber hinaus auch weitere Leistungen mit einbezogen, die in unmittelbarem Zusammenhang mit der Erstellung von Hochbauten stehen, wie beispielsweise Kosten für Grundstück, Erschließung und Außenanlagen.

Ziel dieser Norm ist es, durch die Festlegung von Begriffen (z.B. Kostengruppen) und Unterscheidungsmerkmalen eine Voraussetzung für die Vergleichbarkeit der Ergebnisse von Kostenermittlungen herzustellen. Die nach dieser Norm ermittelten Kosten können im weiteren Verlauf eines Bauvorhabens als Grundlage weiterer Planungs- und Entwurfsschritte dienen.

2. Kostenermittlung

Die Kostenermittlungen dienen als Grundlage für die Kostenkontrolle, für Planungs-, Vergabe- und Ausführungsentscheidungen sowie zum Nachweis der entstandenen Kosten. Hierbei sind Kostenermittlungen in der Systematik der Kostengliederung zu ordnen und darzustellen um sicherzustellen, dass eine Nachvollziehbarkeit zu einem späteren Zeitpunkt gewährleistet ist.

Die Kosten der Baumaßnahme sind in der Kostenermittlung vollständig zu erfassen. Besteht eine Baumaßnahme aus mehreren zeitlich oder räumlich getrennten Abschnitten, so sollten für jeden Abschnitt getrennte Kostenermittlungen aufgestellt werden. Die Kostenermittlung kann mit nachfolgenden Methoden erfolgen.

2.1 Kostenschätzung

Die Kostenschätzung dient als eine Grundlage für die Entscheidung über die Vorplanung. Grundlagen für die Kostenschätzung sind unter anderem die Planungsunterlagen aus der Vorplanung.

2.2 Kostenberechnung

Die Kostenberechnung dient als eine Grundlage für die Entscheidung über die Entwurfsplanung. Grundlagen für die Kostenberechnung sind:

---

[1] http://www.architext.de/informationen/baukosten-nach-din276.html [04.11.2008]

- Planungsunterlagen (Entwurfszeichnungen/ Detailpläne)

- Mengenberechnung (Kostengruppen)

2.3 Kostenanschlag

Der Kostenanschlag dient als eine Grundlage für die Entscheidung über die Ausführungsplanung und die Vorbereitung der Vergabe. Wichtigste Grundlagen für den Kostenanschlag sind:

- endgültige Planungsunterlagen (Ausführungszeichnungen)

- Berechnungen, z. B. für Standsicherheit, Wärmeschutz oder technische Anlagen

- Mengenberechnung (Kostengruppen)

2.4 Kostenfeststellung

Die Kostenfeststellung dient zum Nachweis der entstandenen Kosten sowie gegebenenfalls um Vergleiche und Dokumentationen besser durchführen zu können. Wichtigste Grundlagen für die Kostenfeststellung sind:

- geprüfte Abrechnungsbelege

- Planungsunterlagen, Abrechnungszeichnungen,

2.5 Kostengliederung

Die Kostengliederung sieht drei Ebenen der Kostengliederung vor. Diese sind durch dreistellige Ordnungszahlen gekennzeichnet. In der 1. Ebene der Kostengliederung werden die Gesamtkosten in folgende sieben Kostengruppen gegliedert:

100	Grundstück
200	Herrichten und Erschließen
300	Bauwerk und Baukonstruktionen
400	Bauwerk und Technische Anlagen
500	Außenanlagen
600	Ausstattung und Kunstwerke
700	Baunebenkosten

Bei Bedarf werden diese Kostengruppen entsprechend der Kostengliederung in die Kostengruppen der 2. und 3. Ebene der Kostengliederung unterteilt.

3. Kostengruppe 400 Bauwerk – Technische Anlagen

3.1 Aufbau der Kostengliederung

Die Systematik der neuen Kostengliederung hat zu einer stärker ausgewogenen Kostenstruktur geführt. Damit wird es möglich, die wesentlichen Kosten im Hochbau anhand weniger Untergliederungen zu erfassen, was bei früheren DIN 276 selbst mit einer Untergliederung bis in die 4. Ebene nicht voll gelang.

Mit nur drei Kostengliederungsebenen ist es möglich, Kostenermittlungen systematisch und übersichtlich durchzuführen.

Die Kostengliederung wurde gegenüber früher wesentlich vereinfacht, durchgängig und auf drei Kostengliederungsebenen aufgeteilt.

Die frühere Kostengruppe „Bauwerk" wurde in zwei eigenständige Kostengruppen wie folgt neu gegliedert.

Neben der Neugründung der Kostengruppe 300 „Bauwerk – Baukonstruktionen" wurde auch die Kostengruppe 400 „Technische Anlagen" neu zusammengefasst. In ihr werden nun die Installationen und die Zentrale Betriebstechnik aufgrund ihres gestiegenen Anteils an den Gesamtkosten aus der bisherigen Kostengruppe „Bauwerk" herausgenommen.[2]

Die früher noch vorgesehene Kostengruppe „Zusätzliche Maßnahmen" wurde gestrichen. Hier erforderliche Positionen sind den anderen Kostengruppen zuzuordnen.

3.2 Kostengruppe 400: Bauwerk – Technische Anlagen

Vor der Novellierung der DIN 276 bestand die Möglichkeit die beiden Bereiche, „Installation" und „zentrale Betriebstechnik" zusammenzufassen, da eine eindeutige Trennung der Kosten für diese Bereiche oft nicht möglich war.

In der jetzt gültigen DIN 276 werden beide Bereiche gemeinsam der Kostengruppe 400 „Technischen Anlagen" zugeordnet. Die Änderung entspricht damit der gestiegenen Kostenbedeutung, die die versorgungstechnische Ausrüstung der Bauwerke, auch im Hinblick auf die Einführung neuer Medien gewonnen hat.[2]

Die Definition der Kostengruppe 400 lautet nach DIN 276:

„Die Kostengruppe 400 „Bauwerk-technische Anlagen" fasst alle Kosten der im Bauwerk eingebauten, daran angeschlossenen oder damit fest verbundenen Technischen Anlagen bzw. Anlagenteile zusammen."[3]

---

[2] Peter J. Fröhlich, Hochbaukosten – Flächen – Rauminhalte, vieweg – Verlag, 12. Auflage, Wiesbaden 2004
[3] DIN 276, Seite 16, Anmerkungen zu Kostengruppe 400

Diese Kostengruppe ist in neun Untergruppen gegliedert und erfasst alle Technischen Anlagen eines Gebäudes. Die neun Anlagegruppen sind wie folgt gegliedert, und ermöglichen eine Grundlage für eine anlagen- und elementbezogene Kostenermittlung:

- 410 Abwasser-, Wasser-, Gasanlagen
- 420 Wärmeversorgungsanlagen
- 430 Lufttechnische Anlagen
- 440 Starkstromanlagen
- 450 Fernmelde- und informationstechnische Anlagen
- 460 Förderanlagen
- 470 Nutzungsspezifische Anlagen
- 480 Gebäudeautomation
- 490 Sonstige Maßnahmen für technische Anlagen

Im Folgenden soll nun näher auf die o.g. einzelnen Teilgruppen der Kostengruppe 400 eingegangen werden, um zu zeigen welche Anlagen darin Aufgeführt sind. Als Grundlage hierfür wird die DIN 276 zurande gezogen.

3.3 KG: 410 Abwasser-, Wasser-, Gasanlagen

Aufgeführt sind hier die „einzelnen technischen Anlagen und deren zugehörige Gestelle, Befestigungen, Armaturen, Wärme- und Kältedämmung, Schall- und Brandschutzvorkehrungen, Abdeckungen und Verkleidungen, Anstriche, Kennzeichnungen sowie die anlagenspezifischen Mess-, Steuer- und Regelanlagen"[4] die Bestandteil des Bauwerks sind und der Abwasserbeseitigung bzw. der Wasser- oder Gasversorgung dienen. Im Folgenden ist nun die Kostengruppe bis in ihre dritte Ebene gegliedert und beispielhaft zur Anschauung in Abb. 1auf Seite 7 visualisiert.

<u>411 Abwasseranlagen:</u>   Abläufe, Abwasserleitungen, Abwassersammelanlagen, Abwasserbehandlungsanlagen und Hebeanlagen

<u>412 Wasseranlagen:</u>   Wassergewinnungs-, Aufbereitungs- und Druckerhöhungsanlagen, Rohrleitungen, dezentrale Wasserwärmer, Sanitärobjekte

<u>413 Gasanlagen:</u>   Gasanlagen für Wirtschaftswärme: Gaslagerungs- und Erzeugungsanlagen, Übergabestationen, Druckregelanlagen und Gasleitungen, soweit nicht zu den Kostengruppen 420 oder 470 gehörend

<u>419 Abwasser-, Wasser-, Gasanlagen, sonstiges:</u>   Installationsblöcke, Sanitärzellen

---

[4] DIN 276, Seite 16, Anmerkungen zu Kostengruppe 400

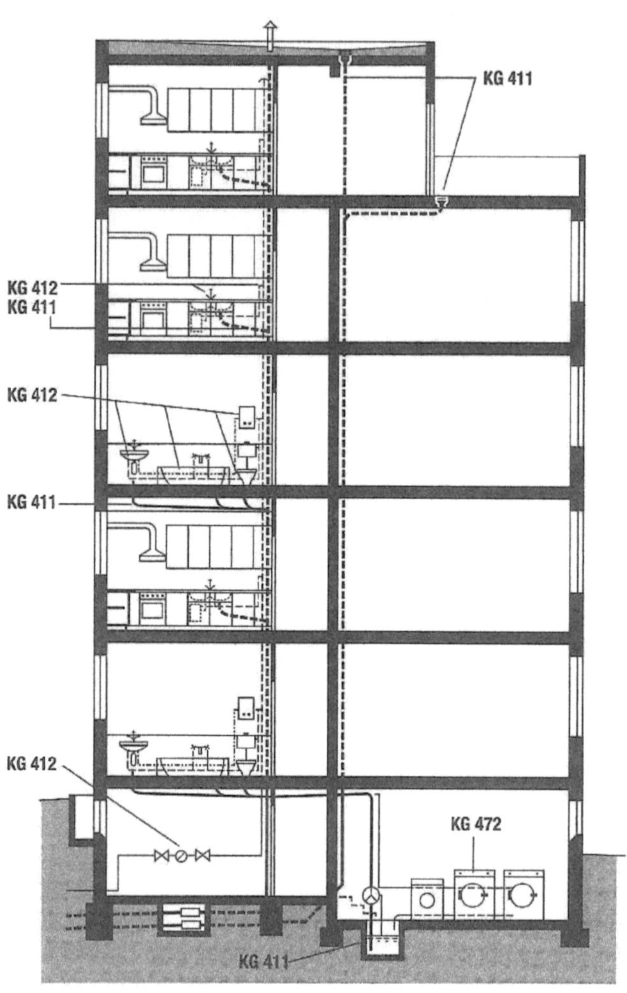

Abb. 1: Kostengruppe 410 und 472

3.4 KG: 420 Wärmeversorgungsanlagen

Diese Kostengruppe führt Anlagen auf, die zur Wärme- und Brennstoffversorgung auf Grundlage von Brennstoffen (Öl, Gas) oder unerschöpflichen Energiequellen (Solar-, Windenergien) dienen, einschließlich der Schornsteinanschlüsse.

<u>421 Wärmeerzeugungs-anlagen:</u>	Brennstoffversorgungsanlagen, Wärmeübergabestationen Wassererwärmungsanlagen
<u>422 Wärmeverteilnetze:</u>	Pumpen, Verteiler, Rohrleitungen für Raumheizflächen, raumlufttechnische Anlagen und sonstige Wärmeverbraucher
<u>423 Raumheizflächen:</u>	Heizkörper, Flächenheizsysteme
<u>429 Wärmeversorgungs-anlagen sonstiges:</u>	Schornsteine, soweit nicht in anderen Kostengruppen aufgeführt

3.5 KG: 430 Lufttechnische Anlagen

In dieser Kostengruppe werden alle Anlagen eines Gebäudes aufgeführt, die dazu dienen die verbrauchte Raumluft abzuführen und die für deren Betrieb notwendigen Anlagen wie Schaltanlagen. Nach der neuen Norm gehören auch die prozesslufttechnischen Anlagen zu dieser Kostengruppe.

<u>431 Lüftungsanlagen:</u>	Abluftanlagen, Zuluftanlagen, Zu- und Abluftanlagen ohne oder mit einer thermodynamischen Luftbehandlungs-funktion, mechanische Entrauchsanlagen
<u>432 Teilklimaanlagen:</u>	Anlagen mit zwei oder drei thermodynamischen Luftbehandlungsfunktionen
<u>433 Klimaanlagen:</u>	Anlagen mit vier thermodynamischen Luftbehandlungs-funktionen

<u>434 Kälteanlagen:</u>	Kälteanlagen für lufttechnische Anlagen: Kälteerzeugungs- und Rückkühlanlagen einschließlich Pumpen, Verteiler und Rohrleitungen
<u>439 Lufttechnische Anlagen sonstiges:</u>	Lüftungsdecken, Kühldecken, Abluftfenster, Installationsdoppelböden, soweit nicht in anderen Kostengruppen aufgeführt

3.6 KG: 440 Starkstromanlagen

In diese Kostengruppe fließen alle Anlagen mit ein, die der Versorgung mit elektrischem Strom und dem Ausgleich von elektrischen Spannungen dienen sowie Brandschutzdurchführungen, soweit diese nicht in anderen Kostengruppen erfasst wurden. Vergleiche auch „Abb.2: Kostengruppe 420 und 440" Elektrische Energie wird hierbei in Abhängigkeit von der Nennspannung unterschieden in

- Hochspannung über 36 kV
- Mittelspannung über 1000 V bis 36 kV
- Niederspannung bis 1000 V

„Während Hochspannung vorwiegend zum Transport der elektrischen Energie über große Entfernungen eingesetzt wird und Mittelspannung als Energieträger für Industrie und Gewerbe dient, wird in Haushalten fast ausschließlich Niederspannung als Energieträger zu Heiz-, Koch-, und Beleuchtungszwecken sowie für mechanische Antriebe verwendet."[5]

<u>441 Hoch- und Mittelspannungsanlagen:</u>	Schaltanlagen, Transformatoren
<u>442 Eigenstromversorgungsanlagen:</u>	Stromerzeugungsaggregate einschließlich Kühlung, Abgasanlagen und Brennstoffversorgung, zentrale Batterie- und unterbrechungsfreie Stromversorgungsanlagen, photovoltaische Anlagen
<u>443 Niederspannungsschaltanlagen:</u>	Niederspannungshauptverteiler, Blindstromkompensationsanlagen, Maximumüberwachungsanlagen
<u>444 Niederspannungsinstallationsanlagen:</u>	Kabel, Leitungen, Unterverteiler, Verlegesysteme, Installationsgeräte

---

[5] Vgl. Peter J. Fröhlich, Hochbaukosten – Flächen – Rauminhalte

<u>445 Beleuchtungs-</u> <u>anlagen:</u>	Ortsfeste Leuchten, Sicherheitsbeleuchtung
<u>446 Blitzschutz- und</u> <u>Erdungsanlagen:</u>	Auffangeinrichtung, Ableitungen, Erdungen, Potenzialausgleich
<u>449 Starkstromanlagen,</u> <u>sonstiges</u>	Frequenzumformer

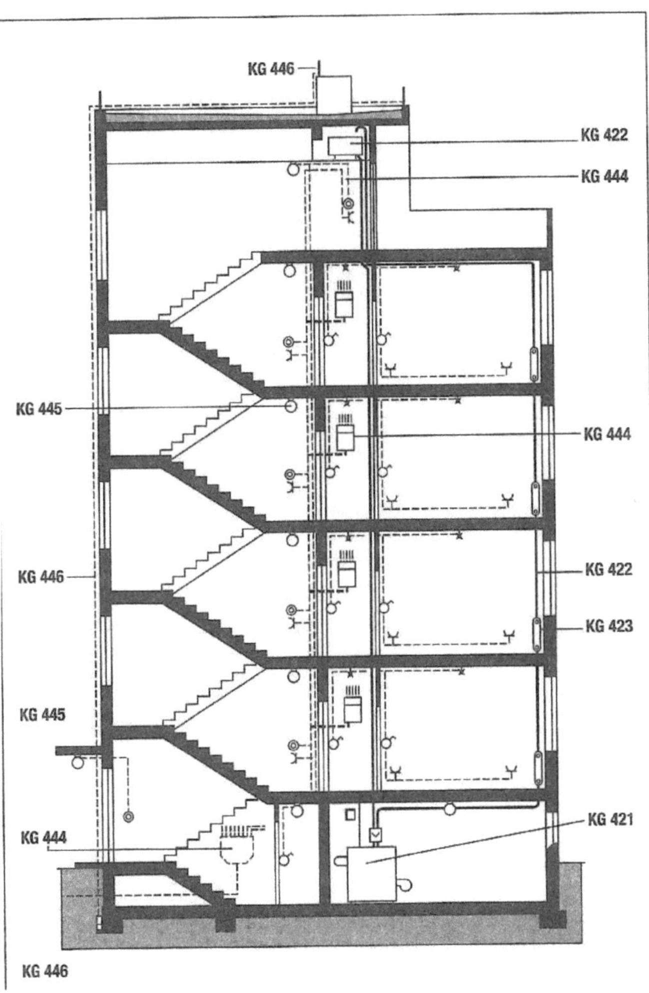

Abb. 2: Kostengruppe 420 und 440

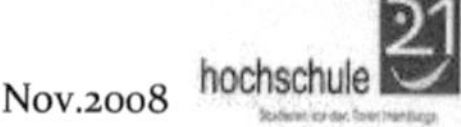

3.7 KG: 450 Fernmelde- und informationstechnische Anlagen

In dieser Kostengruppe werden alle Telekommunikationsanlagen, sowie alle Anzeige und Meldeanlagen und deren zugehörige Verteiler, Kabel und Leitungen aufgeführt. Fernmelde- und Informationstechnische Anlagen werden in Abgrenzung zu den Anlagen in Kostengruppe 440 auch als Schwachstromanlagen bezeichnet, weil sie mit elektrischem Strom bis max. 24 V betrieben werden. Vgl. „Abb. 3: Kostengruppe 450"

<u>451 Telekommunikations-anlagen:</u>

<u>452 Such- und Signal anlagen:</u>	Personenrufanlagen, Lichtruf- und Klingenanlagen, Türsprech- und Türöffneranlagen
<u>453 Zeitdienstanlagen:</u>	Uhren- und Zeiterfassungsanlagen
<u>454 Elektroakustische Anlagen:</u>	Beschallungsanlagen, Konferenz- und Dolmetscheranlagen, Gegen- und Wechselsprechanlagen
<u>455 Fernseh- und Antennenanlagen:</u>	Fernsehanlagen, einschließlich Sende- und Empfangsantennenanlagen, Umsetzer
<u>456 Gefahrenmelde- und Alarmanalgen:</u>	Brand-, Überfall-, Einbruchmeldeanlagen, Wächterkontroll-anlagen, Zugangskontroll- und Raumbeobachtungs-anlagen
<u>457 Übertragungsnetze:</u>	Netze zur Übertragung von Daten, Sprache, Text und Bild, Verlegesysteme, soweit nicht in KG 444 erfasst
<u>458 Fernmelde- und informationstechnische Anlagen, sonstiges:</u>	Fernwirkanlagen, Parkleitsysteme

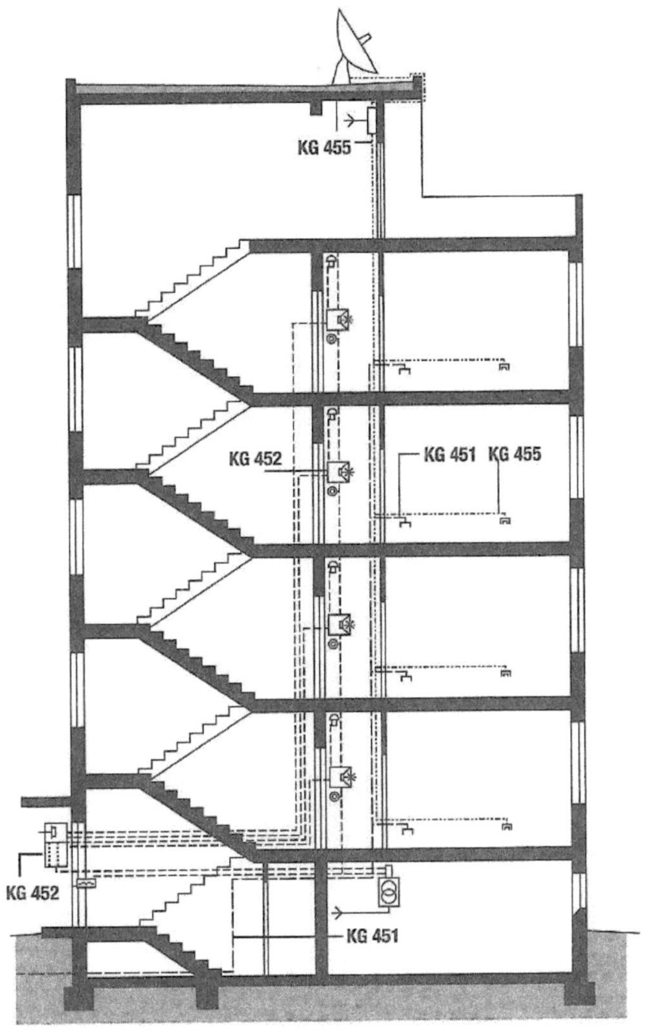

Abb. 3: Kostengruppe 450

3.8 KG: 460 Förderanlagen

In dieser Kostengruppe werden alle Anlagen aufgeführt, die dem Transport von Personen oder Gütern dienen. Nach VOB DIN 18385 sind es alle ortsfesten Anlagen zur Beförderung von Personen oder Gütern zwischen festgelegten Zugangs- oder Haltestellen. Es zählen auch ebenso die Förderanlagen ohne Haltestelle wie Hebeanlagen, eingebaute Kräne oder Hubbühnen hinzu. Ebenfalls mit inbegriffen sind die notwendigen Vorrichtungen und Bauteile, sowie Steuer-, Schaltvorrichtungen und Schachtgerüste.

<u>461 Aufzugsanlagen:</u>	Personenaufzüge, Lastenaufzüge
<u>462 Fahrtreppen, Fahrsteige:</u>	Fahrtreppen, Fahrsteige, d. h. kraftbetriebene Anlagen mit umlaufenden Bändern oder Stufenbändern zur Beförderung von Personen zwischen Ebene, die in gleicher oder unterschiedlicher Höhe liegen.
<u>463 Befahranlagen:</u>	Fassadenaufzüge und andere Befahranlagen
<u>464 Transportanalgen:</u>	Automatische Warentransportanlagen, Aktentransport-anlagen, Rohrpostanlagen
<u>465 Krananlagen:</u>	Krananlagen einschließlich Hebezeuge
<u>469 Förderanlagen, sonstiges:</u>	Hebebühnen , Verladerampen

3.9 KG: 470 Nutzungsspezifische Anlagen

In dieser Kostengruppe werden alle Kosten ermittelt der mit dem Bauwerk fest verbunden Anlagen, die der besonderen Zweckbestimmung dienen und aufgrund technischer und planerischer Maßnahmen wie Werkplänen, Berechnungen errichtet werden.

<u>471 Küchentechnische Anlagen:</u>	Anlagen zur Speisen- und Getränkezubereitung, -ausgabe und -lagerung einschließlich zugehöriger Kälteanlagen.
<u>472 Wäscherei und Reinigungsanlagen :</u>	Reinigungsanlagen einschließlich zugehöriger Wasser-aufbereitung, Desinfektions- und Sterilisationsein-richtungen

<u>473 Medienversor- gungsanlagen:</u>	Medizinische und technische Gase, Druckluft, Vakuum, Flüssigchemikalien, Lösungsmittel, vollentsalztes Wasser, einschließlich Lagerung, Erzeugungsanlagen, Übergangsstationen, Druckregelanlagen, Leitungen und labortechnische Anlagen.
<u>474 Medizin- und labor- technische Anlagen:</u>	Ortsfeste Medizin- und labortechnische Anlagen
<u>475 Feuerlöschanlagen:</u>	Sprinkler-, Gaslöschanlagen, Löschwasserleitungen, Wandhydranten, Handfeuerlöscher
<u>476 Badetechnische Anlagen:</u>	Aufbereitungsanlagen für Schwimmbeckenwasser, soweit nicht in KG 410 erfasst
<u>477 Prozesswärme-, kälte- und -luftanlagen:</u>	Wärme-, Kälte- und Kühlwasserversorgungsanlagen für Industrie-, Gewerbe- und Sportanlagen, Farbnebelabscheideanlagen, Prozessfortluftsysteme, Absauganlagen
<u>478 Entsorgungsanlagen:</u>	Abfall- und Medienentsorgungsanlagen, Staubsauganlagen
<u>479 Nutzungsspezifische Anlagen, sonstiges:</u>	Bühnentechnische Anlagen, Tankstellen- und Waschanlagen

3.10 KG: 480 Gebäudeautomation

In dieser Kostengruppe wird die Gesamtheit von Überwachungs-, Steuer-, Regel- und Optimierungseinrichtungen in Gebäuden aufgeführt. Gebäudeautomation ist ein System zur automatischen Steuerung, Regelung und Überwachung der durch dieses System miteinander vernetzten technischen Anlagen eines Bauwerkes. Innerhalb dieser System herrscht ein elektronischen Datenaustausch.

<u>481 Automationssysteme:</u>	Automationsstationen mit Bedien- und Beobachtungseinrichtungen, Anwendungssoftware, Lizenzen, Sensoren und Aktoren, Schnittstellen zu Feldgeräten und anderen Automationseinrichtungen

<u>482 Schaltschränke:</u>	Schaltschränke zur Aufnahme von Automationssystemen mit Leistungs,- Steuerungs- und Sicherungsbaugruppen einschließlich zugehöriger Kabel, Leitungen und Verlegesysteme
<u>483 Management- und Bedienungseinrichtung:</u>	Übergeordnete Einsichtungen für GA und Gebäude-management mit Bedienstationen, Programmierungs-einrichtungen, Anwendungssoftware. Lizenzen und Servern
<u>484 Raumautomations-Systeme:</u>	Raumautomationssysteme mit Bedien- und Anzeige-einrichtungen, Schnittstellen zu Feldgeräten
<u>485 Übertragungsnetze:</u>	Netze zur Datenübertragung

<u>489 Gebäudeautomation, sonstiges:</u>

3.11 KG: 490 Sonstige Maßnahmen für technische Anlagen

In dieser Kostengruppe werden nun alle Technischen Anlagen aufgeführt, die nicht in den einzelnen Kostgengruppen 410 – 480 aufgeführt wurden. Sie hat den Zweck, Kosten die nicht in unmittelbarem Zusammenhang mit der Herstellung bestimmter Bauteile oder Einrichtungen stehen, in den Gesamtkosten unterzubringen. Der Begriff „Maßnahmen" im Titel dieser Kostengruppe zeigt auf, dass es sich hierbei nicht direkt um die Baukosten von Bauleistungen handelt, sondern um kostenerzeugende Hilfsmaßnahmen, die zu deren Erstellung notwendig waren aber nicht sichtbar am Bauwerk wiederzufinden sind.

<u>491 Baustelleneinrichtung:</u>	Einrichten, Vorhalten, Betreiben, Räumen der übergeordneten Baustelleneinrichtung für technische Anlagen, z.B. Material- und Gerätschuppen, Lager-, Wach-, Toilletten- und Aufenthaltsräume, Bauwagen, Misch- und Transportanlagen, Energie- und Bauwasser-anschlüsse, Baustraßen, Lager- und Arbeitsplätze, Verkehrssicherungen, Abdeckungen, Bauschilder, Bau- und Schutzzäune, Baubeleuchtung, Schuttbeseitigung

492 Geräste: Auf-, Um-, Abbauen, Vorhalten von Gerüsten

493 Sicherungsmaß-nahmen: Sicherungsmaßnahmen an bestehenden Bauwerken, z.B. Unterfangungen und Abstützungen

494 Abbruchmaßnahmen: Abbruch- und Demontagearbeiten einschließlich Zwischenlagern wieder verwendbarer Teile, Abfuhr des Abbruchmaterials.

495 Instandsetzungen: Maßnahmen zur Wiederherstellung des zum bestimmungsgemäßen Gebrauch geeigneten Zustandes.

496 Materialentsorgung: Entsorgung von Materialien und Stoffen, die bei dem Abbruch, bei der Demontage und bei dem Ausbau von Anlagenteilen oder bei der Erstellung einer Bauleistung zum Zweck des Recyclings oder der Deponierung.

497 Zusätzliche Maß-nahmen: Zusätzliche Maßnahmen bei der Erstellung von Technischen Anlagen z.B. Schutz von Personen, Sachen; Reinigung vor Inbetriebnahme; Maßnahmen aufgrund von Forderungen des Wasser-, Landschafts-, Lärm- und Erschütterungsschutzes während der Bauzeit; Schlechtwetter und Winterbauschutz, Erwärmung der technischen Anlagen, Schneeräumung.

498 Provisorische technische Anlagen: Kosten für die Erstellung, Beseitigung provisorischer technischer Anlagen, Anpassung der technischen Anlagen bis zur Inbetriebnahme der endgültigen technischen Anlage

499 Sonstige Maßnahmen für technische Anlagen, sonstiges

4. Fazit

Der Versuch die Kosten im Hochbau einheitlich und Systematisch zu erfassen und berechnen besteht schon seit sehr langer Zeit. Die erste Norm zur Reglung der Hochbaukosten wurde im August 1934 herausgegeben. Seit dem wurde die Systematik der Kostenauflistung immer weiter ausgeführt und verbessert. Heute liegt uns nun eine DIN-Norm vor, die bis in drei Ebenen genau alle Kostenpunkte eines Bauwerks systematisch auflistet. Dies ist für eine Transparenz und Vergleichbarkeit der Kosten und für eine nachträgliche Beurteilung der Bauwerke unabdinglich.

Die in dieser Hausarbeit beschriebene Kostengruppe erfasst alle technischen Anlagen, sowie alle Teile und Geräte die zu deren Funktionalität und Errichtung notwendig sind. Sicherlich ist eine Durchführung dieser Kostenberechnung nach DIN 276 die genaueste Möglichkeit um nach Abschluss eines Bauvorhabens eine Übersicht der Kosten erstellen zu können, doch steckt natürlich auch hinter einer solchen genauen Kostenermittlung sehr viel Zeit und Arbeit. Es muss also von Bauherren und Baufirmen abgewogen werden, ob eine Durchführung der Kostenermittlung nach DIN 276 notwendig ist oder ob darauf verzichtet werden kann. In beiden Fällen sollte man jedoch immer unter Berücksichtigung der „Verordnung über die Aufstellung von Betriebskosten" (Betriebskostenverordnung – BetrKV) die Kostenermittlung durchführen, um nicht im rechtlichen Sinne von den Gesetzen und Verordnungen abzuweichen. In den BetrKV sind nämlich unter anderem auch aufgeführt, welche Kosten nicht in eine Kostenermittlung gehören wie beispielsweise die Kosten der Gebäudeverwaltung, oder die Instandhaltungskosten.

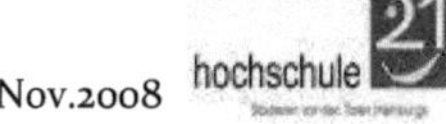

5. Quellen

Literatur:

- Peter J. Fröhlich: Hochbaukosten- Flächen - Rauminhalte. 14. Auflage, Wiesbaden: Vieweg 2007

- Peter J. Fröhlich: Hochbaukosten- Flächen - Rauminhalte. 12. Auflage, Wiesbaden: Vieweg 2004

- DIN 276 – 1: Kosten im Bauwesen, Teil 1: Hochbau

Internet:

- http://de.wikipedia.org/wiki/DIN_276

- http://www.architext.de/informationen/baukosten-nach-din276.html